Autour de la proportionnalité

Alaeddine BEN RHOUMA
Professeur agrégé de Mathématiques

Mai 2014

Table des matières

1. **La proportionnalité et la linéarité à travers l'histoire** 1
   - 1.1 La théorie des proportions dans *Les éléments* d'EUCLIDE .. 1
   - 1.2 Les mathématiques chez les égyptiens : un aspect additif et linéaire 3
   - 1.3 Résolution des équations linéaires : « prêcher le faux pour savoir le vrai » 4
     - 1.3.1 Fausse position simple 4
     - 1.3.2 Fausse position double 7
2. **Structure mathématique de l'objet proportionnalité** 11
   - 2.1 Motivations 11
   - 2.2 Les grandeurs 13
   - 2.3 Modèle général de la proportionnalité : grandeurs, mesures et variables numériques 15

Références 22

Qu'est ce que la proportionnalité ?

Il s'agit d'une relation particulière entre deux grandeurs (ou plutôt leurs mesures) ou entre deux suites de nombres.

Ces deux suites de nombres (associées ou non à des grandeurs) doivent être multiples l'une de l'autre et être donc telles que toute combinaison linéaire de valeurs de l'une corresponde à la même combinaison linéaire des valeurs correspondantes de l'autre.

1 La proportionnalité et la linéarité à travers l'histoire

1.1 La théorie des proportions dans *Les éléments* d'Euclide

Voici un extrait du livre V des *éléments* d'EUCLIDE :

On dit de quatre grandeurs, a ;b ;c ;d, prises dans cet ordre, que la première est à la deuxième dans le même rapport que la troisième est à la quatrième, quand n'importe quel équimultiple de la première et de la troisième grandeur est en même temps et respectivement soit supérieur, soit égal, soit inférieur à n'importe quel autre équimultiple de la deuxième et de la quatrième grandeur.

En traduisant cette définition avec le langage mathématique moderne on obtient la définition suivante :

Les rapports $\dfrac{a}{b}$ et $\dfrac{c}{d}$ sont égaux si pour tous $p, q \in \mathbb{N}$, on a l'un des trois cas suivants :

(i) $qa < pb \Leftrightarrow qc < pd$

(ii) $qa > pb \Leftrightarrow qc > pd$

(iii) $qa = pb \Leftrightarrow qc = pd$

Remarque : Euclide ne considérait que les grandeurs commensurables et homogènes, autrement dit, les grandeurs de même type dont leur rapport est un nombre rationnel. De plus, un rapport de grandeurs $\dfrac{a}{b}$ n'a pas de notion propre à lui et il est vu par EUCLIDE comme une « manière d'être » entre deux grandeurs homogènes et c'est la notion de proportion qui précise la notion de rapport.

En effet, EUCLIDE ne considère pas le rapport de deux grandeurs $\dfrac{a}{b}$ comme un nombre, mais comme un objet mathématique qu'on ne peut que le comparer à un autre objet de « même type » qui est aussi un rapport de deux grandeurs $\dfrac{c}{d}$. Finalement, c'est seule la proportion $\dfrac{a}{b} = \dfrac{c}{d}$ qui nous donne une information quantitative en exhibant deux entiers p et q tels que si $qa = pb$ alors $qc = pd$.

Précisons, toujours selon EUCLIDE, que qa n'est pas un nombre mais c'est un multiple entier de la grandeur a.

Puis voici un deuxième extrait des *Éléments* d'EUCLIDE :

Si plusieurs grandeurs sont en proportion, le rapport de l'un des antécédents au conséquent correspondant est égal au rapport de la somme de tous les antécédents à la somme de tous les conséquents.

Qu'on pourrait traduire en langage mathématique moderne par la proposition suivante :

Si $\dfrac{a_1}{b_1} = \cdots = \dfrac{a_n}{b_n}$ alors $\dfrac{a_1}{b_1} = \dfrac{a_1 + \cdots + a_n}{b_1 + \cdots + b_n}$

Remarque : Ici, on est toujours dans la même vision euclidienne évoquée plus haut, et on peut voir cette propriété sous un angle géométrique en considérant des segments dont la grandeur étudiée est la longueur. Donc, la propriété se traduit de la façon suivante :

Si le rapport des longueurs $[A_iB_i]$ par $[C_iD_i]$ sont égaux deux à deux pour tout $i \in \{1; \cdots ; n\}$, alors le rapport des longueurs de $[A_1B_1]$ par $[C_1D_1]$ est égal au rapport de la longueur de la juxtaposition des $[A_iB_i]$ par la juxtaposition des $[C_iD_i]$.

Néanmoins, avec les outils actuels, en considérant que $\dfrac{a_1}{b_1} = k$, où k est un nombre, on peut établir la propriété précédente qu'avec des considérations algébriques. En effet, si $\dfrac{a_1}{b_1} = k$ et si $\dfrac{a_1}{b_1} = \cdots = \dfrac{a_n}{b_n}$, alors pour tout $i \in \{1; \cdots ; n\}$ $\dfrac{a_i}{b_i} = k$ et donc $a_i = kb_i$.

Nous en déduisons alors que $\dfrac{a_1 + \cdots + a_n}{b_1 + \cdots + b_n} = \dfrac{kb_1 + \cdots + kb_n}{b_1 + \cdots + b_n} = \dfrac{k(b_1 + \cdots + b_n)}{b_1 + \cdots + b_n)} = k$. D'où le résultat de la propriété.

1.2 Les mathématiques chez les égyptiens : un aspect additif et linéaire

Quelque soit le type d'opération, les égyptiens la ramenaient à des additions. Les scribes égyptiens laissent supposer qu'on disposait de tables d'additions ou qu'on les connaissait par coeur par la force des choses.

La multiplication s'effectue par duplications successives. Par exemple, pour effectuer 27×48, les égyptiens procédaient de la manière suivante :

1	2	4	8	16	27
48	96	192	384	768	1296

Nous remarquons que ce tableau est un tableau de proportionnalité dans lequel les lignes sont obtenues, soit en multipliant la ligne précédente par deux, soit en additionnant des lignes sélectionnées en vue d'obtenir un résultat bien déterminé (27 dans cet exemple).

En effet, sur la première ligne du tableau on a : $1 + 2 + 8 + 16 = 27$ et dans ce cas, on obtient $48 + 96 + 384 + 768 = 1\,296$ à partir de la deuxième ligne. On obtient alors $27 \times 48 = 1\,296$.

La division est traitée comme opération inverse de la multiplication. Par exemple, pour diviser 144,5 par 8,5, les égyptiens se demandaient par quoi il faut multiplier 8,5 pour obtenir 144,5.

Ils procédaient alors de la manière suivante :

1	2	4	8	16	17
8,5	17	134	68	136	144,5

Il s'agit encore d'un tableau de proportionnalité dans lequel on obtient à partir de la deuxième ligne $144,5 = 136 + 8,5$. Dans ce cas, l'addition correspondante dans la première ligne est $1 + 16 = 17$.

Ils arrivaient alors à conclure que $144,5 \div 8,5 = 17$.

1.3 Résolution des équations linéaires : « prêcher le faux pour savoir le vrai »

1.3.1 Fausse position simple

Pour résoudre une équation de type $ax = b$, rien de plus simple! Il suffit d'écrire $x = \dfrac{b}{a}$ et le tour est joué.

Mais cette résolution rapide et exacte est le fruit de plusieurs siècles de recherche, de tâtonnement et enfin de formalisation qui est arrivée assez tardivement dans l'histoire des mathématiques pour aboutir à l'algèbre moderne. La majorité des historiens des mathématiques estiment que la naissance de l'algèbre est due principalement au mathématicien AL KHAWARIZMI au début du IXe siècle.

Comment faisait-t-on, alors, pour résoudre une équation de premier degré ? Peut-on se passer des outils de l'algèbre ?

La réponse est évidement « OUI ! », et pour cela évoquons la méthode de « la fausse position ». Il s'agit d'un procédé de résolution qui consiste à fournir une solution approchée conduisant, par un algorithme approprié tirant parti de l'écart constaté, à la solution du problème considéré.

Revenons alors aux égyptiens, et observons, par exemple, comment ils résolvaient l'équation

$$x + \frac{1}{5}x = 13$$

.

On choisit un nombre qui permet d'éviter l'apparition rapide de fractions. On suppose alors que la solution est 5 et on calcule $5 + \frac{1}{5} \times 5$.

1	$\frac{1}{5}$	$1 + \frac{1}{5}$
5	1	6

Donc en supposant que la solution soit 5, on obtient $5 + \frac{1}{5} \times 5 = 6$. Or, on aurait dû trouver 13. Donc, on tient le raisonnement suivant : la proportion de 13 à 6 est la même que celle de la solution cherchée à 5. On est ainsi amené à diviser 13 par 6 selon la méthode utilisée dans la section précédente. On cherche alors, par combien faut-il multiplier 6 pour obtenir 13.

1	2	$\frac{1}{6}$	$2 + \frac{1}{6}$
6	12	1	13

On obtient $2 + \frac{1}{6}$, rapport de la proportion qu'on doit multiplier par 5.

1	2	4	5
$2+\dfrac{1}{6}$	$4+\dfrac{1}{3}$	$8+\dfrac{2}{3}$	$10+\dfrac{1}{6}+\dfrac{2}{3}$

Finalement la solution de l'équation $x+\dfrac{1}{5}x=13$ est $10+\dfrac{1}{6}+\dfrac{2}{3}$.

Le principe de cette méthode se base sur le principe de la proportionnalité de x et $x+\dfrac{1}{5}x$ que nous pouvons le résumer dans le tableau de proportionnalité suivant :

x	5	?
$x+\dfrac{1}{5}x$	6	13

Ce qui donne avec « le produit en croix », $x=\dfrac{5\times 13}{6}=\dfrac{65}{6}$.

Or, $\dfrac{5\times 13}{6}=\dfrac{65}{6}=10+\dfrac{5}{6}=10+\dfrac{1}{6}+\dfrac{2}{3}$.

Regardons, comment peut-on résumer le principe de cette méthode avec nos outils actuels d'algèbre. Pour cela appelons x_f la fausse solution et x_v la vraie.

D'abord l'équation $x+\dfrac{1}{5}x=13$ revient à $\dfrac{6}{5}x=13$. En remplaçant x par $x_f=5$ dans la dernière équation, on obtient $\dfrac{6}{5}x_f=6$. Or, avec la solution x_v, nous devons obtenir $\dfrac{6}{5}x_v=13$. On a alors,

$$\dfrac{\dfrac{6}{5}x_f}{\dfrac{6}{5}x_v}=\dfrac{6}{13}$$

Le problème revient alors à la recherche d'une quatrième proportionnelle x_v, vérifiant l'égalité

$$\frac{5}{x_v} = \frac{6}{13}$$

qu'on arrive à résoudre facilement, avec les outils algébriques de nos jours :
$x_v = \dfrac{13 \times 5}{6}$

1.3.2 Fausse position double

Appelée aussi *Ying buzu* (excédent et déficit) chez les chinois, *Al-khata'ayn* (les deux erreurs) chez les arabes ou *regula duarum falsarum positionum* (règle des deux fausses positions) chez les européens de la Renaissance, cette méthode a été longtemps utilisée pour résoudre des équations se ramenant à la forme $ax + b = c$ et des systèmes linéaires à deux inconnues.

Voici une illustration par un exemple. Soit alors, l'équation

$$x + \frac{1}{3}x + \frac{1}{4}x = 21$$

On prend d'abord une fausse valeur $x_1 = 12$. On obtient $12 + 4 + 3 = 19$ qui est déficiente avec un écart de 2.
Puis on considère une deuxième fausse valeur $x_2 = 24$. On obtient dans ce cas $24 + 8 + 6 = 38$ qui est excédentaire avec un écart de 17.

La solution est alors :

$$\begin{aligned} x &= \frac{12 \times 17 + 24 \times 2}{2 + 17} \\ x &= \frac{252}{19} \end{aligned}$$

Donnons à présent une démonstration géométrique inspirée de celle d'AL-KHAWARIZMI qui utilise la proportionnalité des côtés respectifs de deux triangles semblables comme conséquence du théorème de Thalès.

On considère alors la figure suivante qui résume les résultats du procédé de la fausse position double :

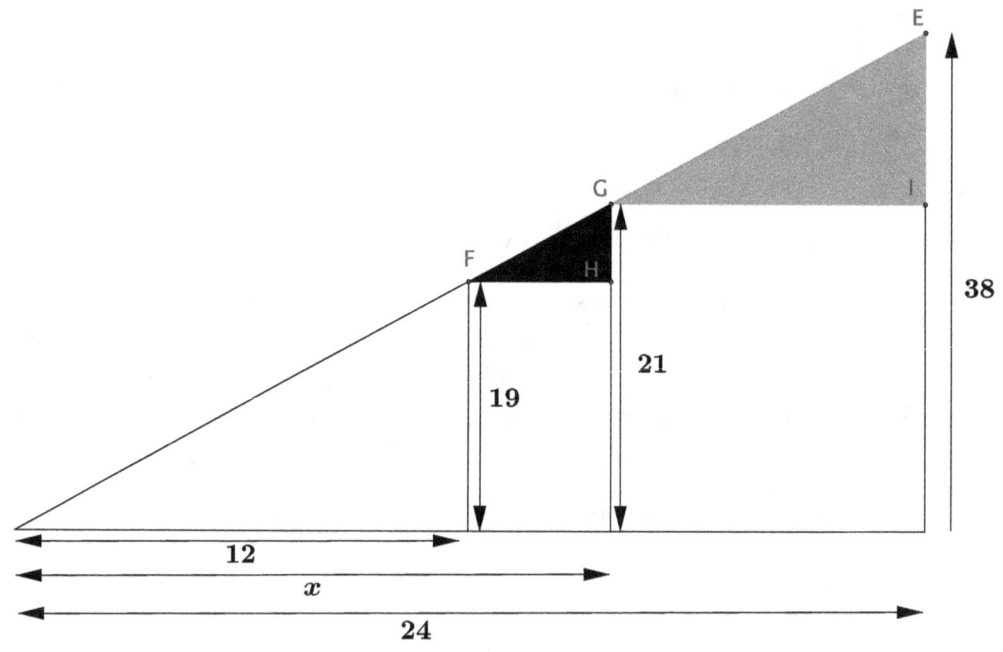

On voit que les triangles FGH et GEI sont semblables. Pour appliquer le théorème de Thalès, on peut emboiter FGH dans GEI afin de visualiser une des deux configurations de Thalès comme illustré ci-après.

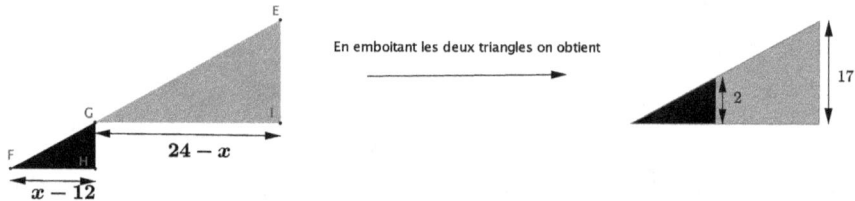

On alors $\dfrac{24-x}{x-12} = \dfrac{17}{2}$. Par un « produit en croix », on obtient $2(24-x) = 17(x-12)$.

On développe alors, sans écrire les résultats des multiplications pour obtenir

$$2 \times 24 - 2x = 17x - 17 \times 12$$

Soit alors, $17x + 2x = 17 \times 12 + 2 \times 24$ pour obtenir $x = \dfrac{17 \times 12 + 2 \times 24}{17 + 2}$

Considérons à présent le système linéaire suivant : $\begin{cases} x = y - 6 \\ \dfrac{5}{4}x = y + 12 \end{cases}$

Appliquons la méthode de la fausse position double en prenant $x_1 = 20$ et $x_2 = 80$.

En remplaçant x par x_1 dans la première équation, on obtient $y_1 = 26$. Puis en remplaçant x par x_1 dans la deuxième équation, on obtient $y'_1 = 13$ qui révèle un déficit de $y_1 - y'_1 = 13$.

En remplaçant x par x_2 dans la première équation, on obtient $y_2 = 86$. Puis en remplaçant x par x_2 dans la deuxième équation, on obtient $y'_2 = 88$ qui révèle un excès de $y'_2 - y_2 = 2$.

La valeur exacte de x, solution du système, est alors obtenue en utilisant la même formule que dans l'exemple précédent. Soit alors :

$$\begin{aligned} x &= \dfrac{20 \times 2 + 80 \times 13}{2 + 13} \\ x &= \dfrac{1080}{15} \\ x &= 72 \end{aligned}$$

Avec $x = 72$, on obtient alors facilement $y = 78$.

Examinons alors, à quel moment intervient la proportionnalité dans ce procédé et quelle(s) propriété(s) a-t-on utilisée(s). Pour cela, nous allons établir la preuve avec nos outils actuels d'algèbre pour des raisons de simplification. Nous verrons au cours de cette démonstration que le raisonnement intrinsèque reste le même que celui de la méthode de la fausse position double employée dans l'exemple précédent.

Soit le système linéaire $\begin{cases} a_1 x + b_1 = y \\ a_2 x + b_2 = y \end{cases}$

Avec $\begin{cases} a_1 x_1 + b_1 = y_1 \\ a_2 x_1 + b_2 = y_1' \end{cases}$ puis $\begin{cases} a_1 x_2 + b_1 = y_2 \\ a_2 x_2 + b_2 = y_2' \end{cases}$

et avec des soustractions entre les équations on obtient :

$$a_1(x - x_1) = y - y_1$$

$$a_1(x - x_2) = y - y_2$$

$$a_2(x - x_1) = y - y_1'$$

$$a_2(x - x_2) = y - y_2'$$

Puis par des divisions on obtient :

$$\frac{x - x_1}{x - x_2} = \frac{y - y_1}{y - y_2} \text{ et } \frac{x - x_1}{x - x_2} = \frac{y - y_1'}{y - y_2'}$$

Donc, on a l'égalité $\dfrac{y - y_1}{y - y_2} = \dfrac{y - y_1'}{y - y_2'}$ qui se traduit par le tableau de proportionnalité qui suit, auquel on a rajouté une troisième colonne par soustraction des deux premières colonnes.

$y - y_1$	$y - y_1'$	$y_1' - y_1$
$y - y_2$	$y - y_2'$	$y_2' - y_2$

On en déduit alors que $\dfrac{y_1' - y_1}{y_2' - y_2} = \dfrac{y - y_1}{y - y_2} = \dfrac{y - y_1'}{y - y_2'}$ ce qui nous conduit à l'égalité

$$\frac{x - x_1}{x - x_2} = \frac{y_1' - y_1}{y_2' - y_2}$$

Avec un « produit en croix », on obtient $(x-x_1)(y_2'-y_2) = (x-x_2)(y_1'-y_1)$ ce qui nous fournit finalement la solution :

$$x = \frac{x_2(y_1 - y_1') + x_1(y_2' - y_2)}{(y_1 - y_1') + (y_2' - y_2)}$$

En notant $e_1 = (y_1 - y_1')$ qui est l'erreur de défaut et $e_2 = (y_2' - y_2)$ qui est l'erreur d'excès, on peut écrire la solution x du système linéaire sous la forme :

$$\boxed{x = \frac{x_2 e_1 + x_1 e_2}{e_1 + e_2}}$$

2 Structure mathématique de l'objet proportionnalité

2.1 Motivations

Les mathématiques qu'on en apprend à l'école ou au cours des études supérieures ne sont pas une accumulation de résultats hétéroclites. Les diverses théories qui constituent la géométrie, l'arithmétique, l'algèbre, l'analyse ainsi que la statistique et les probabilités s'appuient souvent les unes sur les autres. Il nous est alors important de connaître ces liens, car se sont eux qui fournissent les principaux moyens de résolution de problèmes. Une pensée fragmentée et cloisonnée est au contraire pourrait devenir parfois inefficace.

L'objectif de la suite de ce document est de mettre en évidence et d'expliquer un fil conducteur qui traverse plusieurs aspects de la proportionnalité ou de la linéarité. Une mise en place d'un modèle mathématique général nous fournira des moyens « mathématiquement légitimes »pour passer d'un cadre à un autre.

Pour cela prenons pour exemple l'aluminium. Chaque objet en aluminium possède un volume et une masse et à un même volume correspond toujours la même masse. On pourrait alors présenter la dépendance entre le volume et la masse sous plusieurs aspects :

1) Une fonction linéaire : On considère la fonction qui à chaque volume d'aluminium fait correspondre sa masse. Si on se donne un volume, il suffit de le peser pour avoir sa masse. Réciproquement, à toute masse donnée d'aluminium correspond son volume.

En représentant la masse en fonction du volume dans un repère gradué régulièrement, on obtient une droite passant par l'origine du repère.

On peut additionner les volumes comme on peut additionner les masses. Ainsi la fonction en question fait correspondre une grandeur munie de somme de volumes à une grandeur munie elle aussi d'une somme de masses. Dans ce cas on dit que la fonction est linéaire et la masse p s'exprime en fonction du volume v par la relation $p = kv$, où k est une constante liée à la nature physique de l'aluminium.

2) Combinaison linéaire : Soit un tableau qui contient deux volumes et les masses correspondantes représenté de la manière suivante :

Volume	2,5 dm³	4,1 dm³
Masse	6,75 kg	11,07 kg

La somme des volumes a pour masse la somme des masses, et nous pouvons compléter le tableau de la manière suivante :

Volume	2,5 dm³	4,1 dm³	6,6 dm³
Masse	6,75 kg	11,07 kg	17,82 kg

On peut généraliser ce raisonnement en effectuant une combinaison linéaire quelconque au lieu de la somme.

3) Égalité de deux rapports (proportion) : Deux volumes quelconques sont entre eux comme les masses correspondantes. Par exemple 2,5 dm³ est à 4,1 dm³ comme 6,75 kg est à 11,07 kg. On exprime cela sous la forme

$$\frac{2,5}{4,1} = \frac{6,75}{11,07}$$

4) Égalité des rapports internes : On passe de 2,5 à 4,1 dm³ en multipliant 2,5 par $\dfrac{4,1}{2,5} = 1,64$. Le rapport est le même entre les masses correspondantes : on passe de 6,75 à 11,07 kg en multipliant aussi par 1,64.

5) La règle de trois (passage à l'unité) : Si 2,5 dm³ pèsent 6,75 kg alors 1 dm³ pèse $6,75 \div 2,5$ kg, c'est-à-dire 2,7 kg. Donc 4,1 dm³ pèse $4,1 \times 2,7$ kg, c'est-à-dire 11,07 kg.

6) Le rapport externe (coefficient de proportionnalité) : Dans notre exemple, il s'agit de la masse volumique qui est 2,7 kg/dm³. On passe d'un volume quelconque à la masse correspondante en multipliant le volume par la masse volumique.
Par exemple : 4,1 dm³ × 2,7 kg/dm³ = 11,07 kg.

Ce sont là plusieurs facettes de la proportionnalité (ou la linéarité), observées sur un exemple particulier et à un niveau d'abstraction assez modéré.

Nous allons, alors montrer, en donnant un modèle mathématique général de la proportionnalité, par quels moyens peut-on passer d'un cadre à un autre dans une situation de proportionnalité.

2.2 Les grandeurs

Étant donné un objet O, on peut lui associer plusieurs grandeurs d'espèces différentes en fonction de plusieurs considérations. Les considérations peuvent être physique, sociale ou purement mathématique.

Par exemple, si on prenait un objet O_1 parmi un ensemble de véhicules V, on peut lui associer les grandeurs : t_1 (durée de parcours), d_1 (distance parcourue), T_1 (la température de son moteur), L_1 (sa longueur),...

Néanmoins, ces grandeurs évoquées ne sont pas toutes additives. En effet, la durée et la longueur sont toujours additives, la distance ne l'est que si la trajectoire est rectiligne et la température n'est jamais additive.

Puis si on voudrait calculer la vitesse d'un véhicule, comment mesure-t-on cette grandeur qui est issue d'un quotient de deux grandeurs ? Y-a-t-il une conséquence sur la proportionnalité en cas de changement d'unités de mesures ? Puis, comment peut-on définir une mesure sur une grandeur ? Serait-il toujours possible ?

Citons une explication de la grandeur de NICOLAS ROUCHE dans « *Le sens de la mesure* » :

dans la pensée commune, il y a d'abord des objets, et la grandeur est considérée comme une propriété de ceux-ci. Cependant, lorsqu'on mathématise l'idée de grandeur, on ne peut pas en faire un attribut absolu des objets. Au contraire, on ne définit pour commencer que des relations entre objets, à savoir une relation d'égalité (appelée plus précisément « équivalence ») et une relation d'ordre (est plus petit que). On considère d'abord un ensemble d'objets de même nature (par exemple l'ensemble des objets allongés, ou l'ensemble des objets lourds, etc.), puis les sous-ensembles dont chacun est formé de tous les objets équivalents à l'un d'eux. On dit alors que chacun de ces sous-ensembles est une grandeur.

Formulons, alors, ces propos, avec un formalisme mathématique.

On considère un ensemble $\mathcal{O}$ d'objets et on définit une relation d'équivalence $\sim$ sur $\mathcal{O}$, définie par :

$$\forall o_1, o_2 \in \mathcal{O}, \quad o_1 \sim o_2 \Leftrightarrow o_1 \text{ et } o_2 \text{ ont la même grandeur}$$

Pour pouvoir dire que deux objets ont même grandeur ou pas et puis les comparer, on définit une relation de préordre total $\prec$ associée à $\sim$ de la manière suivante :

$\forall\ o, p, q \in \mathcal{O}$:
  - un et un seul des énoncés $o \prec p$, $p \prec o$, $o \sim p$ est vrai.
  - si $o \prec p$ et $p \prec q$ alors $o \prec q$.

Pour pouvoir définir la grandeur d'une collection d'objets en fonction de la grandeur de chaque objet, on définit sur $\mathcal{O}$ une relation binaire notée $\oplus$, telle que :

  - $o \oplus p$ est définie si, et seulement si, $o \neq p$;
  - si $o \neq p$, alors $o \oplus p \sim p \oplus o$, et si de plus, $o \neq q$ et $p \sim q$, alors $o \oplus q \sim p \oplus q$;
  - si $(o \oplus p) \oplus q$ et $o \oplus (p \oplus q)$ sont définis, alors $(o \oplus p) \oplus q \sim o \oplus (p \oplus q)$.

On suppose enfin que sont satisfaites trois conditions unissant $\sim, \prec$ et $\oplus$:

  - si $o \neq p$, alors $o \prec p \oplus q$;
  - si $o \prec q$, alors il existe p tel que $o = p \oplus q$;

- pour tout o et tout entier naturel $n \in \mathbb{N}^*$, il existe $p_1, p_2, \cdots, p_n$ tels que $p_1 \sim \cdots \sim p_n$, $p_1 \oplus \cdots \oplus p_n$ est défini et $o \sim p_1 \oplus \cdots \oplus p_n$ (qui traduit la possibilité de subdiviser une grandeur en n autres grandeurs égales).

À partir de cette construction on définit une grandeur G comme étant l'ensemble $G = \mathcal{O}/\sim$.

Grâce à la structure $(\mathcal{O}, \sim, \prec, \oplus)$, on définit alors sur G :
  - un ordre total noté $<$;
  - une addition notée $+$;
  - une soustraction notée $-$;
  - une division par un entier naturel non nul définie de la manière suivante :

si $p \sim p_1 \sim \cdots \sim p_n$, avec $o \sim p_1 \oplus \cdots \oplus p_n$, alors $\overline{p} = \dfrac{\overline{o}}{n}$.

$\overline{p}$ et $\overline{o}$ sont les classes d'équivalences respectives de p et o.

2.3 Modèle général de la proportionnalité : grandeurs, mesures et variables numériques

Rappelons la définition originelle de la proportionnalité :

Définition 1 : *Deux grandeurs sont proportionnelles si tout rapport entre deux éléments d'une même grandeur est égal au rapport entre les deux éléments correspondants de l'autre grandeur.*

Or dans la pratique, le traitement de la proportionnalité se fait suivant plusieurs approches différentes pour aboutir finalement au même résultat. En effet, chaque traitement correspond à un cadre choisi.

On dispose alors de deux cadres : arithmétique (en considérant soit les grandeurs soit leurs mesures) ou algébrique (en modélisant la proportionnalité par une fonction linéaire).

Maintenant que la notion de grandeur est définie rigoureusement par une structure mathématique, comment peut-on justifier les différents traitements possibles de la proportionnalité, en fonction du cadre choisi, alors que la première définition de la proportionnalité ne concerne que les grandeurs.

Pour cela on va établir un modèle mathématique général qui nous permet de justifier le passage d'un cadre à un autre.

Définition 2 :

On considère alors :

- deux grandeurs G_1 et G_2.

- une correspondance C entre G_1 et G_2 (C définit une relation entre les éléments de G_1 et les éléments de G_2).

- deux grandeurs $u_1 \in G_1$ et $u_2 \in G_2$ (elles représenteront les unités respectives de G_1 et G_2).

- deux variables numériques M_1 et M_2 définies respectivement sur G_1 et G_2 à valeurs dans $\mathbb{R}^+$, vérifiant :

- $M_1(g_1 + g_1') = M_1(g_1) + M_1(g_1')$ pour tous $g_1, g_1' \in G_1$

- $M_2(g_2 + g_2') = M_2(g_2) + M_1(g_2')$ pour tous $g_2, g_2' \in G_2$

- $M_1(u_1) = M_2(u_2) = 1$

(M_1 et M_2 représentent deux mesures définies respectivement sur G_1 et G_2)

- pour tout $x = M_1(g_1)$, on lui associe $y = M_2(g_2)$ tels que $g_2 = \text{C}(g_1)$.

- il existe un nombre k qui dépend de u_1 et u_2 tel que : pour tout couple (x, y), on a $y = kx$.

Avec ces considérations on peut dire que :

1) Les grandeurs G_1 et G_2 sont proportionnelles. ⟵ cadre arithmétique des grandeurs

2) Les deux variables M_1 et M_2 sont proportionnelles. ⟵ cadre arithmétique des grandeurs mesurées

3) La situation est de proportionnalité. ⟵ cadre algébrique ou numérique

---

M_1 induit une application $\overline{M_1}$ qui à une grandeur $g_1 \in G_1$ associe sa mesure par rapport à la grandeur unité u_1. Avec $M_1(g_1) = x$, on obtient :

$$\overline{M_1}: \quad G_1 \quad \to \quad \mathbb{R}^+ \times \{u_1\}$$
$$g_1 \quad \mapsto \quad (x, u_1)$$

Autrement dit, (x, u_1) est la mesure de g_1 par rapport à l'unité u_1.

On définit de la même manière :

$$\overline{M_2}: \quad G_2 \quad \to \quad \mathbb{R}^+ \times \{u_2\}$$
$$g_2 \quad \mapsto \quad (y, u_2)$$

Par la suite $\overline{M_1}$ et $\overline{M_2}$ induisent une application $\overline{k}$ qu'on notera $\overline{k}_{(u_1, u_2)}$ puisque k dépend des unités u_1 et u_2. Soit alors :

$$\overline{k}: \quad \mathbb{R}^+ \times \{u_1\} \quad \to \quad \mathbb{R}^+ \times \{u_2\}$$
$$(x, u_1) \quad \mapsto \quad (y, u_2)$$

Or la correspondance C nous donne $g_2 = \mathrm{C}(g_1)$, puis avec $x = M_1(g_1)$, $y = M_2(g_2)$ et $y = kx$, on a :

$\overline{M_2} \circ \mathrm{C}(g_1) = (M_2(\mathrm{C}(g_1)), u_2) = (M_2(g_2), u_2) = (y, u_2)$ et $\overline{k} \circ \overline{M_1}(g_1) = \overline{k}(x, u_1) = (y, u_2)$

On conclut alors que le nombre k rend le digramme suivant commutatif :

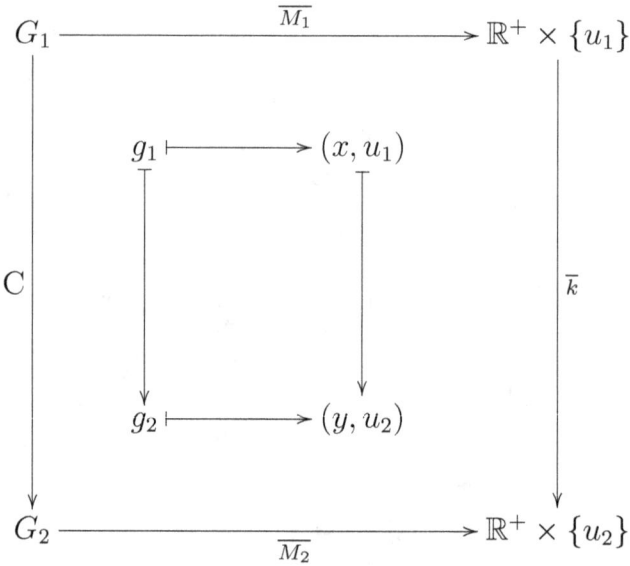

Exemple : On considère un véhicule en mouvement rectiligne uniforme, donc de vitesse constante. On sait que la vitesse v est exprimée en fonction de la distance parcourue d et de la durée du parcours t par la formule $v = \dfrac{d}{t}$. Ici, v est un rapport qui est celui de d par t, en tant que rapport de grandeurs et on ne peut pas le voir comme un nombre tant qu'on a pas précisé les unités de mesures de d et t. Par contre, on peut dire dans le cadre des proportions que $\dfrac{d_1}{t_1} = \dfrac{d_2}{t_2}$ pour deux distances associées respectivement à deux durées. Par ailleurs, à partir du moment où on fixe deux mesures respectivement sur les distances et les durées, on peut dans ce cas donner la valeur de la mesure de v. C'est le diagramme précédent qui justifie le passage des grandeurs aux mesures mais dans ce cas la valeur numérique de v n'est pas toujours la même pour des mesures différentes.

Plus généralement, étant données deux unités u_1 et v_1 dans G_1 et deux unités u_2 et v_2 dans G_2, on a le digramme suivant qui résume les différents passages d'une unité de mesure à une autre :

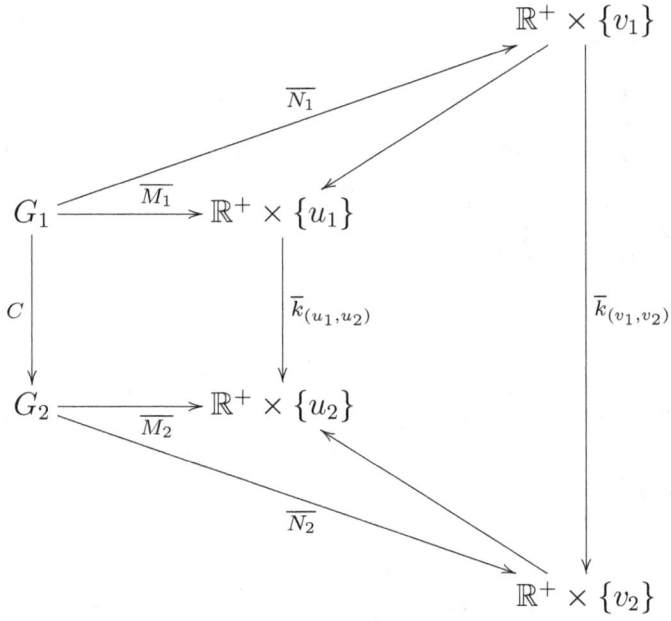

On peut voir le digramme ci-dessus comme étant un diagramme de conversion qui justifie l'invariance de la proportionnalité entre les grandeurs par changement d'unités de mesure. Il nous dit aussi que

$$\boxed{k_{(u_1,u_2)} = \frac{M_2(g_2)}{M_1(g_1)}}$$

On arrive finalement au résultat central qu'on pourrait voir comme un modèle unificateur des différents cadres du traitement de la proportionnalité. On peut aussi le voir comme un modèle de passerelles qui nous emmène de la définition d'EUCLIDE de la proportionnalité vers l'algèbre moderne dans son cadre fonctionnel en passant par la notion de mesures de grandeurs qui a été théorisée par LEBESGUE.

Théorème : les définitions 1 et 2 sont équivalentes

Démonstration :
Avant de commencer la preuve, on admet que le rapport des mesures de deux grandeurs de même nature est le même quelque soit le choix de la mesure. Donc le rapport de deux grandeurs est égal au rapport de leurs mesures.

Soient alors, $g_1, g'_1 \in G_1$ et $g_2, g'_2 \in G_2$ tels que $g_2 = \mathrm{C}(g_1)$ et $g'_2 = \mathrm{C}(g'_1)$.

On a $\dfrac{g'_2}{g_2} = \dfrac{M_2(g'_2)}{M_2(g_2)} = \dfrac{kM_1(g'_1)}{kM_1(g_1)} = \dfrac{M_1(g'_1)}{M_1(g_1)} = \dfrac{g'_1}{g_1}$.

Donc la définition 2 implique la définition 1.

Réciproquement, si G_1 et G_2 sont proportionnelles au sens de la définition 1, alors pour tous $g_1, g'_1 \in G_1$ et $g_2, g'_2 \in G_2$ tels que $\dfrac{g'_1}{g_1} = \dfrac{g'_2}{g_2}$, on a :

$\dfrac{M_1(g_1)}{M_1(g'_1)} = \dfrac{M_2(g_2)}{M_2(g'_2)}$ donc $M_2(g_2) = \dfrac{M_2(g'_2)}{M_1(g'_1)} \times M_1(g_1)$.

Or on a avait déjà établi que $k_{(u_1, u_2)} = \dfrac{M_2(g'_2)}{M_1(g'_1)}$ et donc pour tout $g_1 \in G_1$ on a
$$M_2(g_2) = k \times M_1(g_1)$$
.

Ce qui prouve aussi que si G_1 et G_2 sont proportionnelles au sens de la définition 1, alors il existe une application qu'on note K qui à toute mesure x d'une grandeur g_1 de G_1 associe un élément y mesure d'un élément g_2 de G_2. De plus, cette fonction est linéaire.

Corollaire : les grandeurs G_1 et G_2 sont proportionnelles si et seulement si l'application K de $\mathbb{R}^+$ dans $\mathbb{R}^+$ qui à une mesure d'élément de G_1 associe une mesure d'un élément de G_2 est linéaire.

Finalement en notant $p_{u_1} \circ \overline{M_1} = M_1$ et $p_{u_2} \circ \overline{M_2} = M_2$, on obtient le diagramme commutatif suivant qui schématise la situation de proportionnalité dans trois cadres différents.

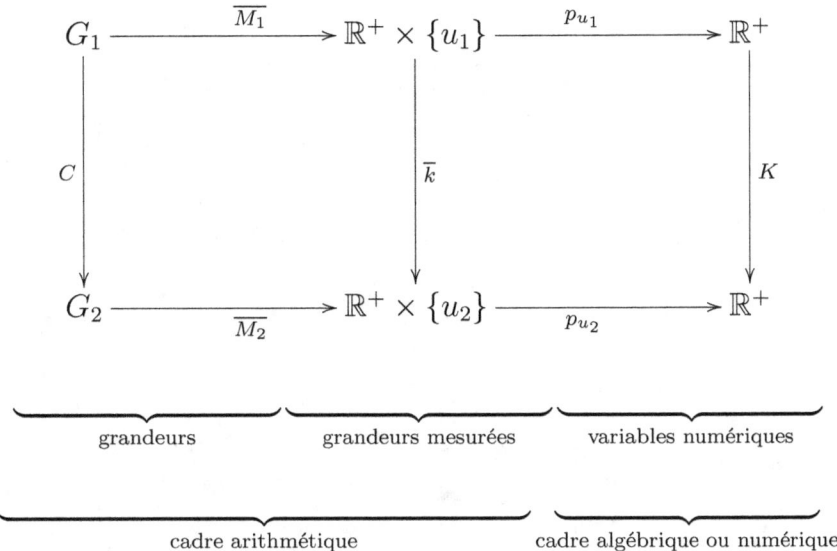

Références

[1] Eugene Comin,

Proportionnalité et fonction linéaire : Caractères, causes et effets didactiques des évolutions et des réformes dans la scolarité obligatoire. Thèse de doctorat en didactique des mathématiques, tel.archives-ouvertes.fr, Mai 2013.

[2] DGESCO,

Proportionnalité au collège, Éduscol, Juillet 2005.

[3] Christine Géron, Pierre Stegen et Sabine Daro,

L'enseignement de la proportionnalité, Publication destinée aux instituteurs du dernier cycle de l'école primaire et aux professeurs de mathématiques du premier degré de l'enseignement secondaire, Haute école de la ville de Liège.

[4] Magalie Hersant,

La proportionnalité dans l'enseignement obligatoire en France, d'hier à aujourd'hui, article de recherche, tel.archives-ouvertes.fr, Janvier 2010.

[5] Sandrine Ingremeau,

Grandeurs et mesures au collège, Conférence pédagogique cycle 3, décembre 2012.

[6] Daniel Perrin,

Proportionnalité et linéarité, Cours aux candidats de CAPES.

[7] André Pressiat,

Enseigner les grandeurs en mathématiques, IUFM Orléans-Tours, Décembre 2002.

[8] Nicolas Rouche,

Le sens de la mesure : des grandeurs aux nombres rationnels, Édition Hatier, 1992.

[9] Centre de recherche sur l'enseignement de mathématiques (Belgique), *Un aspect de la linéarité de 15 à 18 ans*, 2000.

[10] Centre de recherche sur l'enseignement de mathématiques (Belgique), *Le concept de linéarité, un fil conducteur dans l'apprentissage des mathématiques*, Le point sur la recherche en éducation, 2000.

www.ingramcontent.com/pod-product-compliance
Lightning Source LLC
Chambersburg PA
CBHW081318180526
45170CB00007B/2759